我的家在中國・節日之旅 ⑤

彩色的紀念日 清明節

檀傳寶◎主編　李敏◎編著

中華教育

萬物復甦的春天是多彩的。它有適合春耕的清明節氣，又有禁火、掃墓的寒食節，還有適合踏青、郊遊的上巳節。讓我們一同出遊吧，莫辜負大好春光！

目 錄

清明節的三個身份

在每年 4 月，我國有一個傳統節日，那就是清明節。

清明節的由來，最初是因為清明節氣。清明前後，天氣回暖，最適合春耕，故有「清明前後，種瓜種豆」「植樹造林，莫過清明」的農諺。另外，清明節還有一個源頭，就是它曾經合併了兩個與清明時間十分接近的傳統節日——寒食節和上巳節。古時寒食節是民間禁火、吃寒食、掃墓的節令；上巳節則是外出踏青、遊玩的日子。因為這兩個節日與清明日期非常接近，所以漸漸地在唐代以後，寒食、上巳便與清明節氣合三為一了。

清明節的三個身份：清明節氣＋寒食節＋上巳節 ⇒ 清明節

每年公曆的 4 月 5 日（或 4 日、6 日）為清明節。從節氣上來說，清明節是二十四節氣之一。在二十四節氣中，有節日和節氣雙重身份的清明節是獨一無二的。

如此獨特的清明節還有哪些身份呢？（答案在第 3 頁頁腳）

最美四月天

古代沒有手錶，也沒有時鐘，但古人很聰慧，他們根據一年四季的氣溫、降水、天象等方面的變化，總結出「二十四節氣」。那時，我們的祖先把五天時間叫作一「候」，三「候」為一個「節氣」。這樣算下來，一年就有二十四個節氣了。清明節氣是在以冬至為起點的第一百零四天後，

通常在每年的公曆 4 月 5 日或前後一天。在二十四個節氣中，常年在田間勞作的農民最愛「清明」了，因為這是播撒種子、萬物生長的最佳時期！清明時節到來時，美麗的白桐花綻放出了可愛的笑臉，喜陰的田鼠急不可耐地鑽進了地洞裏，雨後的彩虹悄悄爬到了天邊……

▲民諺裏的「三候」：一候桐始華；二候田鼠化為鵪；三候虹始見。

一年有 24 個節氣，清明是離春天最近的節氣。若把一年看作一個圓形蛋糕，請從二十四節氣蛋糕中把「清明」找出來吧。

春分

冬至

夏至

秋分

・第 2 頁答案：清明前後，種瓜種豆；
　植樹造林，莫過清明。答案見第四頁。

清明祭掃

寒食節「簡歷」

　　寒食節是冬至後的第一百零五天。春秋時期，晉文公為了紀念忠臣介子推，在介子推死難之日要求全民上下禁火一天、吃寒食、祭祀掃墓，以寄哀思。後來，很多地區把寒食節與清明節等同了起來，在同一天過，祭祀掃墓就成為寒食節與清明節的共同主題。

古代帝王為「掃墓」設立假日

　　古代帝王將相有「墓祭」禮儀，後來民間也紛紛效仿，並在寒食節這一天祭祖、掃墓。後來，寒食節逐漸演變為以掃墓、祭拜等形式紀念祖先的傳統節日，現在人們的掃墓習俗便始於此。

　　790 年，唐德宗將其曾祖父唐玄宗時期頒佈的聖旨「寒食、清明四日為假」延長到了七天，這不僅開創了法定假日「黃金週」的先河，也確保了清明節掃墓習俗的延續，認可了清明節存在的合法地位。

漢高祖的禱告

秦朝末年，漢高祖劉邦戰勝西楚霸王項羽，最後取得天下。

劉邦返鄉去拜祭自己的父母，卻發現墓地裏到處都長滿了雜草，已經找不到父母的墳墓了。

現代清明節繼承發揚傳統

「慎終追遠，不忘先人」是我國的優良傳統。2006 年，清明節被列入第一批國家級非物質文化遺產名錄；2008 年 1 月 1 日始，清明節由國務院定為法定假日。在這個「氣清景明」的節日中，我們向已逝的親人和祖先誠摯地表達自己的思念與敬意。如今，眾多新的文明祭掃方式開始興起，更加突顯清明節的文化意義：追思親人的功德、才華和業績，繼承祖輩遺願，教育和鼓舞下一代繼往開來。

▲古代就有「清明法定假日」了

劉邦把一張紙撕碎，向空中拋去，有一片碎紙掉落在一座墳墓上一動也不動，仔細一看，這正是他父母的墳墓。

後人也學習劉邦，在每年清明都用石頭壓幾張紙片放在墳上，表示這座墳墓是有後人拜祭的。

墓地探祕

清明節寄託哀思的主要儀式是上墳掃墓。這一天，家家戶戶各自聚集在祖先的墓地進行掃墓儀式，可是有一家人掃墓後遇到一件怪事，請你幫幫忙。

情境陳述

我們家剛完成掃墓儀式，離開墓地沒多久，媽媽返回墓地取落下的鑰匙，發現墓前擺放的祭品居然不見了！我們想，這是誰吃了墓前的供品呢？

線索梳理

請你們回憶掃墓的過程中，有沒有可疑的人或事情？以下是一家老少清明節掃墓的行程，但已經被打亂了。請你先將掃墓的流程，按照活動先後順序進行排序。

▲打掃墳墓

▲拜祭、壓紙

▲前往祖墳

▲供品被吃了？

▲準備拜祭物品

案件分析

誰吃了墓前的供品呢？

——墳墓裏的親人吃了。（Yes or No）

——點心、水果在空氣中由於氧化而萎縮、黴變分解了。（Yes or No）

……

目擊者線索

臨近中午，一個中年男子在墓羣裏來回穿行，男子從上衣兜裏掏出一個黑色的塑料袋，將一座墓前擺放的祭品裝進塑料袋裏，接着又去其他的墓碑前尋找祭品。

——「撿這些東西有甚麼用呢？」

——「點心可以餵豬，水果自己吃。」

真相大白

很多鄉村一直有吃祭品的習俗，據說吃了祭品的人不容易得病，因此很多人都會把祭品拿回去吃。

原來，古代就有上墳後吃供品的習俗，表示與祖先相聚共餐了。這樣不僅可以表達對逝者的思念，而且吃完供品、帶走瓜果皮等垃圾可以保護「清明」的環境。你可以理解這種「吃祭品」的習俗嗎？

我來規劃

隨着環保意識、節約意識的加強，現在的祭祀逐漸走向低碳，越來越多的人選擇綠色、低碳的祭奠形式，比如墓前獻一束花、網上設一個祭堂。你會怎樣設計一個低碳、綠色的祭祀方式呢？

雨過天晴樂得閒

　　清明可不僅僅是一個掃墓祭祀的節日。清明節習俗活動豐富多彩，足以和春節一比高下，這主要還得歸功於「上巳節」這個身份。「上巳節」中，踏青、插柳植樹、飲酒對詩、盪鞦韆、放風箏、打馬球、拔河、鬥雞等節俗都被流傳了下來。

　　這樣，清明節就有了掃墓和踏青遊玩的雙重身份。從掃墓的悲涼到遊玩時的欣喜，猶如雨後彩虹，讓人盡享「雨後天晴」的閒適。

▲我們是最早踢「足球」（古時稱「蹴鞠」）的人啊。

上巳節曲水流觴

　　傳說每年的農曆三月初三，是王母娘娘開蟠桃會的日子。在這一天，小伙子和藏在深閨的姑娘都可以外出踏青。當日，女子在河畔嬉戲、插柳賞花，正如杜甫詩云：「三月三日天氣新，長安水邊多麗人。」男子則坐在河兩邊，河的上游放有酒杯，酒杯順流而下，停在誰的面前，誰就把酒喝完。在這閒情逸致中，如果男女雙方相互喜歡，就可以一起漫步岸上，並折下蘭草相贈！

▲清明節去哪兒？參考古人的
　活動也不錯哦。

▲古時候的女子，在清明
　節也可以出來遊樂。

▲這個清明，我們一起來放風箏吧。

玩轉鞦韆

千百年來，清明節遊樂的風習，倍受人們的喜愛，盪鞦韆就在其中。盪鞦韆的運動類似於單擺的運動。如果要讓鞦韆越盪越高，就必須借助外力，可是很多時候我們是自己盪鞦韆，如何借助外力呢？

這時候要借助「巧力」！你可以利用在鞦韆上站起和蹲下這樣的身體擺動來得到助力。我們獨自盪鞦韆時，可以在鞦韆運動到最低點時迅速站起，然後慢慢下蹲；當鞦韆盪到最高點時，再猛然站起，過了最高點後再慢慢下蹲，之後再重覆上面的動作，鞦韆便會越盪越高了。不過，玩的時候要注意安全啊！

拔河的來歷

拔河是清明節裏又一項傳統特色活動。現代的拔河運動源於古代的「牽鈎」活動。據說，春秋時期的楚國為進攻吳國，大力倡導牽鈎運動來鍛煉本國人民的體質。「牽鈎」的道具為一根麻繩，分為兩頭，比賽時，以中間的大旗為界，一聲令下後，雙方各自用力拉繩，旁人吶喊助威，非常熱鬧。

神奇的柳

　　古詩詞裏經常出現「柳」，古人寓「柳」諧音為「留」，表達深深的不捨之情。據說，清明插柳還能驅鬼避邪，帶來好運。

尋根之旅

我從哪裏來

漫畫 1

我們是從哪裏來的呢？

我們有祖先嗎？

▲小虎的爺爺

漫畫 2

找找我們在哪裏？

我在這裏啊！

▲小虎的爸爸

▲小虎

小虎家石器時代的老祖宗

石器時代

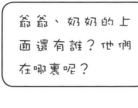

> 爺爺、奶奶的上面還有誰？他們在哪裏呢？

現代

▲小虎的奶奶

▲小虎的媽媽

漫畫 4

▲虎妹

> 我長得像我爸，爸爸來自他的家族，我就是在這個家族中長大的。

時光裏的全家福

每逢清明節，全家人都會在節日的前後一同前往墓地拜祭過世的親人或敬愛的祖先，這象徵着一個家族的延續。

「清明節時你要到哪裏去？」與「你來自哪裏？」是相同的問題。

我們不妨試着畫棵「家譜樹」，來了解一下自己家族的源頭吧。

◀左圖是在北京周口店發現的直立人化石，還原而成的北京猿人像。據考古發現，早在 170 萬年前的原始社會，我國已存在遠古人類，他們被稱為「元謀猿人」。

你知道小豬和小老鼠的祖先嗎？發揮你的想像畫一下。

我的家譜樹

新手說明

現在，你可以創建你的家譜樹，添加你的家庭成員啦！

遊戲提示

注意：在建立家譜的時候，你可以從家庭成員中輩份最高的那個人開始添加。可是如果你想把你更久遠的老祖先也添加進家譜的話，那就一定要先問清楚他的生平詳情哦。

智慧寶箱

中國人自古講究認祖歸宗，那麼如何追根求源呢？

辦法之一就是追蹤我們都有的代號——姓名！

中華民族的姓氏文化有五千多年的歷史，我國是世界上最早使用姓氏的國家。宋代初年編撰的《百家姓》，已有507個姓，其中單姓447個，複姓60個。據統計，中國人曾用和正在使用的姓氏總數為24000個左右，今人的「姓」「字」「籍」無不是標明家族身份的符號。清明時節對祖先姓名的追憶，是五千年來中華民族「生生不息」和「繼往開新」的傳承。

尋找千年的根

清明節，除了祭拜先人和追憶先賢外，還是祭奠中華始祖炎黃的重要日子。

傳說，炎帝與黃帝都是華夏民族的始祖。他們出自同一個部落，後來由於利益紛爭成為兩個敵對的部落首領。兩個部落展開阪泉之戰，最終黃帝打敗了炎帝，兩個部落漸漸融合成華夏族。華夏族的民眾被稱為「龍的傳人」，它的名稱也隨着歷史的更替而不斷變化。但無論是古往還是今來，講究落葉歸根的中國人始終都認為自己是炎黃的子孫。因此，每年清明時節都有很多海外華僑回國祭拜炎帝和黃帝。

涿鹿之戰

約在 4000 多年以前，我國黃河、長江流域一帶住着許多部落。黃帝是最有名的一個部落首領，以黃帝為首的部落最早定居在我國西北方的姬水附近，後來搬到涿鹿（今河北省內）。與黃帝同時期的另一個部落首領叫作炎帝，最早住在我國西北方的姜水附近。

還有一個九黎族的首領蚩尤（粵：痴由｜普：chī yóu）十分強悍，他帶領士兵經常侵略別的部落。一次，蚩尤侵犯了炎帝的部落，炎帝不是蚩尤的對手，逃到涿鹿請求黃帝幫助。於是黃帝聯合各部落，在涿鹿的田野上和蚩尤展開了一場決戰。黃帝放出平時馴養的熊、羆（粵：悲｜普：pí）、貔（粵：皮｜普：pí）、貅（粵：休｜普：xiū）、貙（粵：書｜普：chū）、虎六種野獸前來助戰。蚩尤的兵士抵擋不住，紛紛敗逃。在黃帝帶領士兵乘勝追擊時，忽然天昏地暗、狂風大作、雷電交加，

使黃帝的士兵無法追趕，原來是蚩尤請來了「風伯雨師」助戰。黃帝也不甘示弱，請天女幫忙驅散了風雨。剎那間，風止雨停，晴空萬里，黃帝最終把蚩尤打敗了。從此，各部落開始擁護黃帝。後來，炎帝部落和黃帝部落又發生了衝突，雙方在阪泉打了一仗，以炎帝失敗告終。此後，黃帝成了中原地區的部落聯盟首領。

傳說，黃帝時代還有許多發明創造，如建造宮室、造車、造船、製作五彩衣裳等等，因此黃帝也被後人稱為「人文之祖」。傳說黃帝的妻子名叫嫘祖，她親自教婦女們養蠶、繅絲、織帛，嫘祖因此被稱為「蠶神」。黃帝還有一個史官名叫倉頡，他創造了古代文字。

中國古代人們都十分推崇黃帝，後代的人都認為黃帝是華夏族的始祖，自己是黃帝的子孫。因為炎帝族和黃帝族原來是近親，後來逐漸融合在一起，所以我們也把自己稱為中華民族。為了紀念這位傳說中的共同祖先，後代的人在現在陝西黃陵縣北面的橋山上造了一座「黃帝陵」，年年拜祭。

炎黃雕像

下列哪幅圖是右圖炎黃雕像的樣子？

①

②

③

▶ 炎黃雕像

黃帝陵上的祭祀

　　黃帝去世後，當時的人們就修建神廟、設立祭壇，用各種精美的器物祭祀黃帝。

　　秦始皇統一六國後，沿襲了秦國對白、青、黃、赤四帝的祭祀。

　　漢代時期，對天神黃帝、人文黃帝的祭祀更是頻繁。

　　隋唐時期沿襲南北朝，對黃帝的祭祀進一步制度化、規範化。

　　宋元時期的黃帝祭禮，高度重視黃帝陵的陵廟祭祀。

　　明太祖降旨在軒轅廟大殿內塑造軒轅黃帝坐像一尊，以便後世瞻仰祭奠。

　　清代對黃帝陵廟的祭祀，儀式隆重、規模宏大、次數較多。

　　清末愛國志士祭祀黃帝陵，讓黃帝陵具有了精神傳承的時代意義。據記載，光緒年間，晚清愛國詩人、抗日保台志士丘逢甲歷盡千辛萬苦來到橋山祭掃黃帝陵墓。

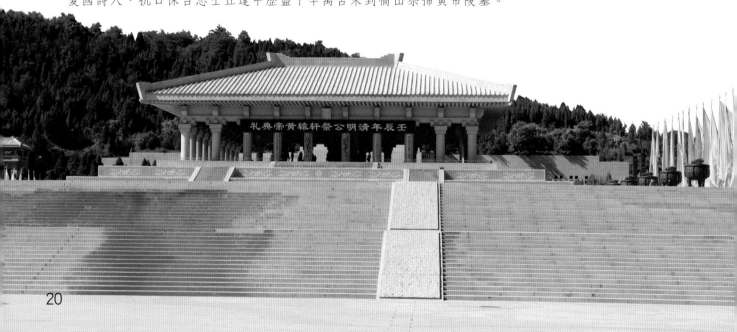

2013 年 4 月 4 日上午，清明公祭軒轅黃帝典禮在陝西省黃陵縣黃帝陵隆重舉行，1 萬多名海內外中華兒女前來共同緬懷中華民族的人文始祖——軒轅黃帝。

① 「古人對鬼神十分敬畏，制訂了很多祭祀禮儀，在漫長的歷史演變中，這些禮儀逐漸簡化，現代人祭神大多是焚香燃燭為主。」

② 「那應該怎麼祭祀呢？」

③ 「古人相信通過煙火的高升，祭品就能送達天庭。有沒有聽過祭祀『天地君親師』？」

④ 「沒有，『天地君親師』是甚麼呢？」

⑤ 「人們將『天地君親師』牌位或條幅供奉於中堂，『天』就是天神，『地』就是地祇，『君』是君王，『親』是祖先，『師』是古代聖賢。這樣人們就能一次祭祀所有應該崇敬的天地神靈、祖先君主、聖者賢人。」

探尋古代神祕陵墓

秦始皇陵

秦始皇陵位於陝西省西安市以東 35 公里。1974 年 1 月 29 日，在秦始皇陵墳丘東側 1.5 公里處，當地農民打井時無意中挖出一個陶製武士頭。後經國家有關部門的挖掘，最終發現了被稱為「世界第八大奇跡」的秦始皇陵兵馬俑。

成吉思汗陵

成吉思汗陵坐落在內蒙古鄂爾多斯市伊金霍洛旗甘德利草原上。因為蒙古族盛行「密葬」，所以真正的成吉思汗陵究竟在何處始終是個謎。現今的成吉思汗陵只是一座衣冠塚（即僅葬有逝者的衣冠等物品）。

寒食風俗

中國的飲食文化源遠流長。春節吃餃子，中秋吃月餅，可是清明節吃甚麼呢？
如果想弄清楚這個問題，我們還得去看看清明節的起源——兩千多年前春秋時期的晉國忠臣介子推的故事。

介子推的故事

在兩千多年前的春秋戰亂時期，介子推跟隨晉國公子重耳在外逃亡，生活艱苦。在重耳飢餓時，介子推曾經割下自己的肉獻給他吃。

後來，重耳回到晉國，做了國君晉文公，大肆封賞所有跟隨他流亡在外的隨從。只有介子推拒絕接受封賞，他帶着母親隱居綿山，不肯出來。

晉文公沒有辦法，只好放火燒山。他想，介子推孝順母親，一定會帶着母親出來。誰知這場大火卻把介子推母子燒死了。

為了紀念介子推，晉文公下令：每年的這一天，禁止生火，家家戶戶只能吃生冷的食物。這就是寒食節的來源。

寒食才藝秀

　　古時寒食節「禁火」的習俗如今已不流行。如今，在寒食節會有許多好吃的。趕快帶着這些五顏六色的「小祕方」連連看，拿到自己心愛的美食吧！

歡喜糰

　　四川成都一帶以炒米作糰，用線穿在一起，有大有小，由各種顏色點染。清人《綿城竹枝詞》有詩云：「『歡喜庵』前歡喜糰，春郊買食百憂寬。」

青糰子

　　油綠如玉、糯韌綿軟、清香撲鼻，吃起來甜而不膩、肥而不腴。青糰子是江南一帶人用來祭祀祖先的必備食品。

饊子

　　是一種油炸食品，香脆精美、色澤黃亮、層疊陳列，古時又叫「寒具」。寒食節「禁火寒食」的風俗在我國大部分地區已不流行，但與這個節日有關的饊子卻深受世人的喜愛，四處可見哩。

清明果

　　形狀有些像餃子，味道卻截然不同。清明果的皮以鼠曲草和米粉作為原料，內餡分為甜、鹹兩種。可包入芝麻、棉花糖，也可包入臘肉丁、豆腐乾、醃菜等。

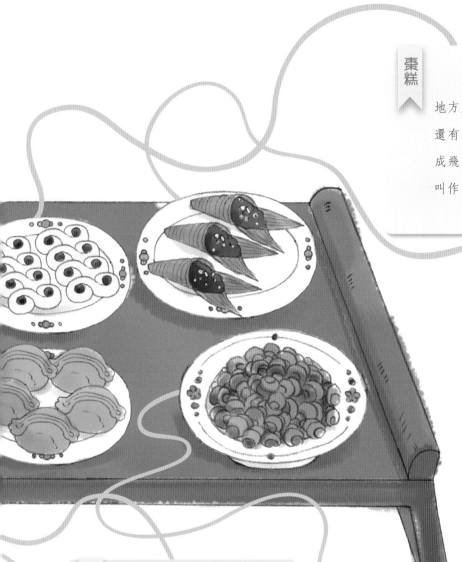

棗糕

又叫「子推餅」，北方一些地方用酵糟發麵，包着紅棗蒸食。還有一些地方的人們會將棗餅製成飛燕形，用柳條串起掛在門上，叫作「子推燕」，來紀念介子推。

青精飯

是江蘇點心，又稱烏米飯，是指將糯米泡入烏飯樹葉的汁煮成顏色烏青的飯糰。

潤餅菜

泉州等很多地方有吃「潤餅菜」的食俗。潤餅菜的正名叫作春餅，它是以麵粉為原料烘成薄皮，再捲以胡蘿蔔絲、肉絲等菜品，製作簡單，吃起來脆嫩可口。

清明螺

清明時節，是採食螺螄的最佳時期，有「清明螺，抵隻鵝」一說。螺螄的食法很多，可與蔥、薑、醬油、料酒、白糖同炒；也可煮熟了挑出螺肉，可拌、可醉、可糟、可燴。足以稱得上「一味螺螄千般趣，美味佳釀均不及」。

薪火相傳的智慧

生命總是在不斷輪迴中啟承轉合。寒食節這天滅舊火，清明節之日取新火，這個習俗被人們一代又一代傳遞，彌久不變。

▲火鐮取火——古時最流行的取火方式

▲鑽木取火——最悠久的取火方式

寒食滅舊火，清明取新火

古人取火非常不易，他們只好在家裏長期保存火種，隨時取用。而那時人們又有一種共識，認為長燃不熄的火燒得太久了就有毒有害，甚至會引發雨雹等天災。因此，每年在寒食節和清明節之際要舉行一次「改火」的儀式。在寒食節

今日神奇：奧運火炬摔倒了

小夥伴們一起參加北京奧運會火炬接力。

火炬手激動、驕傲、賣力地跑着，突然天下雨了。幸好火炬有顆「中國芯」，強風大雨也不怕！

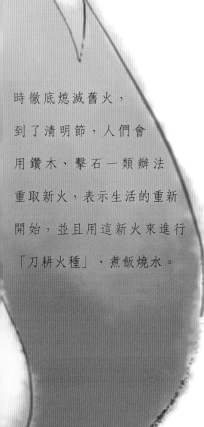

時徹底熄滅舊火，
到了清明節，人們會
用鑽木、擊石一類辦法
重取新火，表示生活的重新
開始，並且用這新火來進行
「刀耕火種」、煮飯燒水。

▲陽燧取火——最智慧的取火方式

哎呀！一名火炬手滑跌倒在地上！

火炬手好堅強！無論跌過多少次，都能
再站起來！

紀念四

生機勃勃的春日

> 　　想像一下，如果清明節是有顏色的，那麼它是甚麼顏色？來自祖國大地的各族人民過着各具特色的清明節；來自同一片藍天下的世界各國也在過着類似清明節的節日；同時，清明節是春天的節日，到處都是綠色美景，象徵生機勃勃的生命力，延續中國「不忘祖，不忘感恩」的情懷。透過萬花筒看這紅色、綠色、藍色，三種顏色交織在一起竟然是白色。
>
> 　　清明節，正是那朵開在人們內心最原始、最潔淨的「白花」。

百花齊放的紅土地

　　清明節的習俗不僅枝繁一方，不僅漢族過清明節，我國的滿族、赫哲族、壯族、鄂倫春族、侗族、土家族、苗族、瑤族等 25 個少數民族，都會過清明節，而清明節的習俗也是各有特色。

傣族清明放水燈

　　清明期間，傣族地區有放水燈的習俗。水燈工藝精緻、顏色鮮豔、有大有小、花式各異、玲瓏別緻。水燈上插着寫有所祭奠親人的名字或祈禱語的小簽。在水面上漂浮着的水燈像繁星落水，表達着人們敬祖思親，祈盼美好生活的願望。

蒙古族清明剪馬鬃

過着遊牧生活的蒙古族，原本沒有清明上墳的習俗。過上定居生活後，才逐漸形成了在清明節到墳地添土、燒紙、供酒肉的習慣。蒙古族清明節要剪馬鬃，所有 3 歲以上的馬匹，都要被修剪馬鬃。小動物也要美美的！

溱潼清明會船節

溱潼的會船節被譽為中國十大民俗風情節之一。每年清明節，江蘇省泰州市姜堰區風光旖旎的十里溱湖上，上千船隻和上萬船民聚集，各式各樣的船隻競發，岸上的觀者如潮湧動。人們站在岸邊既可以觀看在水上競渡的龍舟，又能欣賞到多姿多彩的花燈、龍燈、馬燈等；既可觀賞文藝晚會，又可以品嚐當地的水鄉佳餚「溱湖八鮮」。

苗族清明趕歌會

「趕清明」是苗族特有的大型歌節，又稱「清明歌會」。相傳舊時，苗族多散居在偏僻的叢山中，外出購買日常用品很不方便，於是苗族人民便相約在清明這一天互相交換物資，同時會見親友。

同在藍天下

世界各國的清明節

　　祭奠祖先、緬懷先人、激勵後人，清明節有着獨特的傳統文化內涵。其實，不只中國有清明節，世界各國也有類似於清明節的節日。

▲ 墨西哥的紀念亡人節

　　「紀念亡人節」是墨西哥人紀念已故親人的傳統節日。每年 11 月 2 日，人們在家裏擺設祭壇，供上祭品，圍坐在一起，默默悼念逝去的親人。傍晚，他們帶着特意準備的「亡人麵包」、骷髏形糖塊和已故親人愛吃的食物及煙酒、鮮花，作為祭祀供品到野外去掃墓。

▲ 法國的萬靈節

　　萬靈節又稱「諸聖瞻禮」，是基督教節日之一。11 月 1 日，法國全國放假 1 天。人們到墓地去祭奠獻花，憑弔親人。離巴黎公墓不遠的巴黎公社紀念碑和十多個反法西斯紀念碑前，憑弔者最多。

▲ 法國的萬靈節

坦桑尼亞的哀思節

坦桑尼亞把每年的 9 月 2 日定為哀思節，悼念為國犧牲的烈士。每到這一天，人們都去獻花掃墓。很多團體到陵園參加集體掃墓活動，在獨立廣場的紀念墓碑前獻上花圈，以寄託哀思。

日本的盂蘭盆節

日本的盂蘭盆節，又稱「魂祭」「燈籠節」「佛教萬靈會」等，在夏季將近時（8月 3 日—8 月 16 日前後），全國都會放假一週左右。屆時，各類團體會有組織地進

▲日本的盂蘭盆節

行祭祀活動，人們也會紛紛返回故鄉，與家人團聚並到墓地祭祖。

波蘭的亡人節

在波蘭，每年 11 月 1 日是「亡人節」，悼念已經逝世的人。節日當天，人們去掃墓祭奠，年長者點燃燭燈，讓孩子敬獻，表示紀念先人，告訴後代應不忘祖先。

▲波蘭的亡人節

美國的陣亡將士紀念日

5 月 30 日是美國大多數州的「陣亡將士紀念日」。這一天，人們向烈士致敬，並懷念逝去的親人。人們去教堂禱告，探訪墓園，獻花、哀悼。

雨後萬物生

「好雨知時節，當春乃發生。隨風潛入夜，潤物細無聲」，在清明時節，「貴如油」的春雨無私地潤澤着大地生靈，促使萬物生長。在清明這樣一個孕育生命的時節，也應是孕育我們感恩之心的佳期。

古人盡孝有道
今人感恩有心

古人「百善孝為先」，作為後人，我們現在應該如何對待父母呢？

弟子規

親所好，力為具。
親所惡，謹為去。
身有傷，貽親憂。
德有傷，貽親羞。

釋義：

父母所喜好的東西，應該盡力去準備。父母所厭惡的事物，要小心謹慎地去除。要愛護自己的身體，不要使身體輕易受到傷害，讓父母憂慮。要注重自己的品德修養，不可以做出傷風敗德的事，使父母蒙受恥辱。

「聽」父母的話

古代：凡事徵求父母的意見，家中物品父母要用最好的，小輩不得逾越，碰見長輩要主動打招呼、靠邊站，不能在前面擋道。

如今：主張親子間的平等與對話。我們應該怎麼「聽」父母的話呢？

常回家看看

古代：經常侍候父母的生活起居。父母生病之後不能談笑取樂，要做到衣不解帶，親自侍奉，直到父母康復。

如今：呼籲「常回家看看」。回到家後，我們要做些甚麼呢？

愛惜自己

古代：父母在，不遠遊、不臨淵、不登高、不替朋友賣命。因為身體來自父母，不可輕易傷害。

如今：不讓父母為自己憂心也是孝心的體現。如何照顧好自己呢？

33

我的家在中國・節日之旅 ⑤

清明節

彩色的紀念日

檀傳寶◎主編　李敏◎編著

責任編輯：余雲嬌

裝幀設計：龐雅美

排　版：時　潔

印　務：劉漢舉

出版 / 中華教育

香港北角英皇道 499 號北角工業大廈 1 樓 B

電話：（852）2137 2338

傳真：（852）2713 8202

電子郵件：info@chunghwabook.com.hk

網址：https://www.chunghwabook.com.hk/

發行 / 香港聯合書刊物流有限公司

香港新界荃灣德士古道 220-248 號

荃灣工業中心 16 樓

電話：（852）2150 2100

傳真：（852）2407 3062

電子郵件：info@suplogistics.com.hk

印刷 / 美雅印刷製本有限公司

香港觀塘榮業街 6 號

海濱工業大廈 4 樓 A 室

版次 / 2021 年 3 月第 1 版第 1 次印刷

©2021 中華教育

規格 / 16 開（265 mm × 210 mm）